U0172651

甘薯营养成分与功效科普丛书

传统甘薯方便食品

木泰华　马梦梅　张　苗　编著

科学出版社

北　京

内 容 简 介

传统甘薯方便食品,如冰烤薯、甘薯湿粉条等,因口感细腻、食用方便快捷、可全年供应等优点,深受消费者青睐。本书对冰烤薯的加工原料、加工工艺、食用指南,以及甘薯湿粉条的概念、加工工艺、配方研究、食用指南和"未来新概念"进行了系统而生动的介绍,为我国甘薯资源的深加工与高值化利用提供理论基础与技术支持,对于促进甘薯加工与消费具有重要推动作用。

本书可供国内各大科研院所和高等学校食品工艺学相关专业的本科生、研究生,相关研究领域的专家,企业研发人员,以及其他爱好、关注食品工艺学的读者参考。

图书在版编目(CIP)数据

传统甘薯方便食品 / 木泰华, 马梦梅, 张苗编著. —北京: 科学出版社, 2021.10

(甘薯营养成分与功效科普丛书)

ISBN 978-7-03-069975-6

Ⅰ. ①传… Ⅱ. ①木… ②马… ③张… Ⅲ. ①甘薯–预制食品 Ⅳ. ① TS235.2

中国版本图书馆 CIP 数据核字(2021)第 201979 号

责任编辑:贾 超 李丽娇 / 责任校对:杜子昂
责任印制:肖 兴 / 封面设计:东方人华

科 学 出 版 社 出版
北京东黄城根北街 16 号
邮政编码:100717
http://www.sciencep.com
北京汇瑞嘉合文化发展有限公司 印刷
科学出版社发行 各地新华书店经销
*
2021 年 10 月第 一 版 开本:890×1240 A5
2021 年 10 月第一次印刷 印张:2 3/8
字数:60 000
定价:39.80 元
(如有印装质量问题,我社负责调换)

作者简介

木泰华 男，1964年3月生，博士、博士研究生导师、研究员，先后被聘为中国农业科学院二级杰出人才、国家甘薯产业技术体系加工研究室岗位科学家、薯类加工与品质调控创新团队首席科学家。兼任国家现代农业甘薯产业技术体系专家咨询委员会委员，中国淀粉工业协会甘薯淀粉专业委员会会长，中国粮油学会薯类分会会长，国家马铃薯主食产业化科技创新联盟副理事长，欧盟"地平线2020"项目评委，《淀粉与淀粉糖》、《粮油学报》、*Journal of Food Science and Nutrition Therapy*、《农产品加工》杂志编委等职务。

1998年毕业于日本东京农工大学联合农学研究科生物资源利用学科生物工学专业，获农学博士学位。1999年至2003年先后在法国蒙彼利埃（Montpellier）第二大学食品科学与生物技术研究室及荷兰瓦赫宁根（Wageningen）大学食品化学研究室从事科研工作。2003年9月回国，组建了薯类加工团队。主要研究领域：薯类加工适宜性评价与专用品种筛选；薯类淀粉及其衍生产品加工；薯类加工副产物综合利用；薯类功效成分提取及作用机制；薯类主食产品加工工艺及质量控制；薯类休闲食品加工工艺及质量控制；超高压技术在薯类加工中的应用。

近年来主持或参加国家重点研发计划项目-政府间国际科技创新合作重点专项、欧盟"地平线2020"、"863"计划、"十一五""十二五"国家科技支撑计划、国家自然科学基金项目、公益性行业（农业）科研专项、现代农业产业技术体系、科技部科研院所技术开发研究专项、科技部农业科技成果转化资金项目、"948"计划等项目或课题70项。

相关成果获省部级一等奖2项、二等奖3项，社会力量奖一等奖

4 项、二等奖 2 项，中国专利优秀奖 2 项；发表学术论文 241 篇，其中 SCI 收录 151 篇；出版著作 35 部；获授权国家发明专利 55 项；制定国家 / 行业标准 7 项。

马梦梅　女，1988 年 10 月生，博士，助理研究员。2011 年毕业于青岛农业大学食品科学与工程学院，获工学学士学位；2016 年毕业于中国农业科学院研究生院，获农学博士学位。2016 年毕业后在中国农业科学院农产品加工研究所工作至今。目前主要从事薯类精深加工及副产物综合利用、薯类主食加工技术等方面的研究工作。参与农业农村部引进国际先进农业科学技术计划、国际合作与交流项目、甘肃省高层次人才科技创新创业扶持行动等项目，先后在 *Food Chemistry*、*Carbohydrate Polymers*、*Journal of Functional Foods* 和《中国食品学报》、《食品工业科技》等杂志上发表多篇论文。

张苗　女，1984 年 6 月生，博士，硕士研究生导师，副研究员。2007 年毕业于福州大学生物科学与工程学院，获工学学士学位；2012 年毕业于中国农业科学院研究生院，获农学博士学位。2012 年毕业后在中国农业科学院农产品加工研究所工作至今。2017 年至 2018 年在美国奥本大学访问学习。目前主要从事薯类加工及副产物综合利用方面的研究工作。主持国家自然科学基金青年科学基金项目、北京市自然科学基金面上项目等；参与国际合作与交流项目、农业部现代农业产业技术体系等项目，先后在 *Journal of Functional Foods*、*Innovative Food Science and Emerging Technologies*、*International Journal of Food Science and Technology* 和《农业工程学报》等杂志上发表多篇学术论文。

前　言

PREFACE

　　甘薯俗称红薯、白薯、地瓜、番薯、红芋、红苕等，是旋花科一年生或多年生草本植物，原产自拉丁美洲，于明代万历年间传入我国，至今已有400多年栽培历史。甘薯栽培具有低投入、高产出、耐干旱和耐瘠薄等特点，是仅次于水稻、小麦和玉米的主要粮食作物。

　　甘薯中富含多种人体所需的营养物质，如蛋白质、可溶性糖、脂肪、膳食纤维、果胶、钙、铁、磷、β-胡萝卜素等。此外，还含有维生素C、维生素B_1、维生素B_2、维生素E、尼克酸和亚油酸等。在美国、日本和韩国等发达国家，甘薯主要用于鲜食和加工方便食品，比较强调甘薯的保健作用。在我国20世纪五六十年代，甘薯曾被作为主要粮食作物，在解决粮食短缺、抵御自然灾害等方面发挥了重要作用。但是，随着人们生活水平的提高，甘薯作为单一的粮食作物已成为历史。进入21世纪，甘薯加工产品朝着多样化和专用型方向发展，已经成为重要的粮食、饲料及工业原料。此外，国家卫生和计划生育委员会（现国家卫生健康委员会）发布的《中国居民膳食指南（2016）》推荐：每天摄入薯类50~100g。因此，甘薯产业具有十分广阔的发展前景。

　　2003年，笔者在荷兰与瓦赫宁根大学食品化学研究室Harry

Gruppen 教授合作完成了一个薯类保健特性方面的研究项目。回国后，怀着对薯类研究的浓厚兴趣，笔者带领团队成员对甘薯加工与综合利用开展了较深入的研究。十余年来，笔者团队承担了"国家现代农业（甘薯）产业技术体系建设专项""国家科技支撑计划专题 - 甘薯加工适宜性评价与专用品种筛选""甘薯深加工关键技术研究与产业化示范""农产品加工副产物高值化利用技术引进与利用""甘薯叶粉的高效制备与品质评价关键技术研究""薯类淀粉加工副产物的综合利用"等项目或课题，攻克了一批关键技术，取得了一批科研成果，培养了一批技术人才。

编写本书的目的主要是向大家介绍一些冰烤薯和甘薯湿粉条的概念、加工工艺等方面的知识，并将冰烤薯和甘薯湿粉条的食用指南奉献给大家。

由于作者水平所限以及甘薯深加工与综合利用领域发展迅猛，加之时间相对仓促，书中内容难免有不妥或疏漏之处，敬请广大读者提出宝贵意见及建议。

木泰华

2021 年 10 月

目 录

CONTENTS

第一部分　冰　烤　薯

第一部分　冰烤薯

一、什么是冰烤薯？

1. 说一说冰烤薯

　　冰烤薯，顾名思义，就是以优质新鲜甘薯为原料，经清洗、焙烤、冷却、速冻等工序制备而成的一种新型烤甘薯制品（图1-1-1）。消费者也将冰烤薯称为冰烤红薯、冷冻烤地瓜、红薯雪糕、冰冰薯等，并将冰烤薯评价为"甘薯界的哈根达斯"。目前，冰烤薯产品在韩国、日本已经形成规模化生产，深受消费者青睐。在中国，冰烤薯产品尚处于起步阶段，仅有少数企业生产冰烤薯产品。此外，也有部分企业准备开辟冰烤薯业务，因此其具有良好的市场发展前景。

图1-1-1　冰烤薯照片

2. 比一比冰烤薯和烤甘薯

冰烤薯和烤甘薯最主要的区别在于加工工艺的不同。一般来说，烤甘薯的加工过程中不需要速冻，烤制后即可食用，加工能耗更低，但不易储藏，受鲜薯季节性影响较大；冰烤薯在烤制后需经过冷却、速冻等工序，虽然能耗较高，但可在冷冻条件下储存，从而实现全年供应。

别看我的加工工序较多，但我可以一年四季都和大家见面哟

3. 冰烤薯为什么深受大家喜爱？

甘薯在烤制过程中会通过美拉德反应产生黑色素物质和大量挥发性化合物，可以获得更怡人的风味和颜色。笔者团队在烤甘薯中检测出 60 余种挥发性化合物，其中 4 种主要的挥发性组分分别是麦芽酚、2- 呋喃、甲氧基 - 苯基 - 肟和苯乙醛。已有研究表明，麦芽

酚作为一种天然化合物存在于皮革叶、谷物、焦糖等中，有助于改善食品的香气和甜味，麦芽酚还被用作增香剂，以减少苦味，增加甜味，增强奶油质地，减少酸刺激，改善热加工食品的风味，特别是在碳水化合物丰富的食品中；2-呋喃是美拉德反应的产物，可以为烘烤食品带来甜味和焦糖味；甲氧基-苯基-肟在多种烤制品中被发现；苯乙醛对烤甘薯的甜味和花香味有一定的贡献。同时，烤制还改变了甘薯的糖分组成和淀粉形态，形成了香甜软糯的口感。因此，烤制比其他烹饪方法更能吸引消费者。

进一步，将烤甘薯加工成冰烤薯之后，具有保质期长、开袋（或加热）后即可食用的特点，且冰烤薯的色泽、风味与营养功能成分可与新鲜烤甘薯相媲美。冰烤薯除了经微波或烤箱加热后食用之外，也可以在室温或4℃冰箱内解冻后直接食用，具有冰淇淋般凉凉的口感。另外，与冰淇淋相比，冰烤薯中不添加奶油、糖、香精等成分，更符合消费者对营养健康饮食的需求。

二、哪些甘薯品种适合加工烤甘薯呢?

我国甘薯品种达千余种,根据其加工用途的不同可分为鲜食型和淀粉加工型,且不同品种间的营养成分及感官品质均存在较大差异。那么,哪些品种的甘薯更适合加工烤甘薯呢? 为了探明这个问题,笔者团队从我国甘薯主产区收集了 11 个主栽鲜食型甘薯品种的块根,对鲜薯及烤制后甘薯的营养与功能成分、糖类的组成及含量进行了分析比较,并通过灰色理论和感官评价对适合加工烤甘薯的薯种进行了初步筛选。下面就让我们一起来了解吧。

1. 不同品种甘薯烤制前后的色泽

色泽是评价产品的首要指标,决定了消费者对产品的购买欲。图 1-2-1 和图 1-2-2 分别向读者展示了 11 个品种甘薯烤制前后外观和内瓤的差异,具体色泽结果见表 1-2-1。可以看出, '冀薯 982' 的内瓤接近白色, '冀紫薯 2 号' 的内瓤为紫色,因此烤制前后 '冀薯 982' 的亮度值(L^*)均最大, '冀紫薯 2 号' 的亮度值均最小;其余 9 种黄色或橘红色内瓤甘薯的亮度值差异不大,为(82.11 ± 0.02)~(90.47 ± 0.01)。对于同一品种的甘薯,烤制后内瓤亮度均低于烤制前,这可能与烤制过程中的非酶褐变反应有关。例如,羰基化合物(还原糖)和氨基化合物(氨基酸和蛋白质)之间发生反应,在高温下产生棕色甚至黑色的大分子类黑色素物质。

'烟薯25号'　　'济薯26号'-1　　'冀紫薯2号'　　'龙薯515号'

'普薯32号'　　'苏薯16号'　　'秦薯7号'　　'北京553'

'济薯26号'-2　　'陇薯9号'　　'冀薯982'

图 1-2-1　不同品种甘薯烤制前后外观照片

'济薯 26 号'-1，产自河南；'济薯 26 号'-2，产自山东

'烟薯25号'　　'济薯26号'-1　　'冀紫薯2号'　　'龙薯515号'

'普薯32号'　　'苏薯16号'　　'秦薯7号'　　'北京553'

'济薯26号'-2　　'陇薯9号'　　'冀薯982'

图 1-2-2　不同品种甘薯烤制前后内瓤照片

'济薯 26 号'-1，产自河南；'济薯 26 号'-2，产自山东

表 1-2-1 不同品种甘薯烤制前后色泽变化

品种	烤前			烤后		
	L^*	a^*	b^*	L^*	a^*	b^*
'烟薯 25 号'	86.48±0.06	4.89±0.04	24.12±0.01	80.76±0.01	4.60±0.03	35.26±0.02
'济薯 26 号'-1	89.77±0.02	-3.02±0.07	23.64±0.01	83.70±0.02	-1.78±0.09	26.34±0.04
'冀紫薯 2 号'	60.33±0.02	20.28±0.02	-9.35±0.03	60.02±0.02	18.53±0.04	-7.05±0.01
'龙薯 515 号'	87.76±0.02	4.94±0.02	19.27±0.02	82.64±0.01	1.30±0.09	31.30±0.05
'普薯 32 号'	82.11±0.02	17.47±0.09	20.83±0.01	77.54±0.01	11.64±0.04	39.10±0.03
'苏薯 16 号'	87.30±0.01	5.51±0.08	20.77±0.02	81.19±0.02	1.90±0.09	29.76±0.04
'秦薯 7 号'	84.50±0.02	11.78±0.07	21.20±0.03	83.24±0.01	2.15±0.02	30.64±0.02
'北京 553'	90.47±0.01	-3.11±0.07	23.12±0.03	82.50±0.02	-0.06±0.07	24.59±0.04
'济薯 26 号'-2	90.35±0.01	-3.50±0.05	26.93±0.01	88.43±0.01	-3.61±0.07	26.00±0.03
'陇薯 9 号'	88.44±0.02	2.89±0.04	24.23±0.02	85.76±0.02	-0.52±0.08	30.12±0.07
'冀薯 982'	91.40±0.01	-2.69±0.02	13.81±0.01	88.79±0.02	-3.24±0.07	16.84±0.02

注：'济薯 26 号'-2，产自山东，'济薯 26 号'-1，产自河南。其中，L^*、a^*、b^* 表示色泽，L^* 表示明亮度，0~100 表示从黑色到白色；a^* 表示红绿色，正值表示偏红色，负值表示偏绿色；b^* 表示黄蓝色，正值表示偏黄色，负值表示偏蓝色。

同时，笔者团队分别收集了产自河南省和山东省的'济薯26号'，初步探索产地对甘薯加工适宜性的影响。研究发现，产地对同一品种的鲜薯及烤制后甘薯的色泽并没有引起显著性差异。

2. 不同品种甘薯烤制前后的糖类组成

烤制是加工冰烤薯的关键环节之一，烤制甘薯的甜度对冰烤薯产品的适口性具有直接的影响。烤制甘薯的甜度主要取决于其糖分组成，与新鲜甘薯相比，烤制甘薯中的总糖含量明显增加，这是由淀粉降解所致。在大部分新鲜甘薯品种中，含量最高和最低的糖分分别是蔗糖和麦芽糖；经过烤制，甘薯中麦芽糖的含量显著增加，并成为烤甘薯中的主要糖分，这与烘焙过程中的美拉德反应有关，热处理后淀粉水解生成了更多的麦芽糖（表 1-2-2、表 1-2-3）。

表 1-2-2　不同品种甘薯烤制前的糖类组成（g/100 g 干重）

品种	烤前				
	总糖	葡萄糖	蔗糖	果糖	麦芽糖
'烟薯 25 号'	20.84±0.06	5.30±0.02	8.73±0.03	3.91±0.02	0.59±0.01
'济薯 26 号'-1	30.01±0.05	8.31±0.05	13.30±0.01	5.67±0.04	1.57±0.01
'冀紫薯 2 号'	20.64±0.04	3.64±0.02	10.93±0.02	1.87±0.04	0.44±0.02
'龙薯 515 号'	18.83±0.06	2.47±0.03	10.40±0.02	1.34±0.02	1.21±0.04
'普薯 32 号'	26.75±0.03	3.54±0.01	15.89±0.02	2.20±0.04	1.02±0.01
'苏薯 16 号'	21.55±0.04	3.04±0.02	13.05±0.03	1.89±0.01	0.41±0.01
'秦薯 7 号'	21.23±0.02	4.41±0.03	11.17±0.04	3.96±0.05	0.75±0.01

品种	烤前				
	总糖	葡萄糖	蔗糖	果糖	麦芽糖
'北京553'	27.31±0.03	7.07±0.01	10.12±0.02	4.98±0.07	0.54±0.01
'济薯26号'-2	23.20±0.05	5.38±0.05	11.77±0.02	3.67±0.02	0.27±0.02
'陇薯9号'	30.43±0.04	10.72±0.07	7.99±0.01	8.51±0.04	0.37±0.01
'冀薯982'	18.90±0.02	3.89±0.01	10.25±0.05	2.95±0.01	0.15±0.01

注：'济薯26号'-1，产自河南；'济薯26号'-2，产自山东。

表1-2-3 不同品种甘薯烤制后的糖类组成（g/100 g 干重）

品种	烤后				
	总糖	葡萄糖	蔗糖	果糖	麦芽糖
'烟薯25号'	44.64±0.04	7.72±0.12	10.53±0.05	6.15±0.01	27.92±0.17
'济薯26号'-1	37.07±0.03	6.81±0.04	10.85±0.4	5.05±0.02	21.70±0.13
'冀紫薯2号'	30.59±0.04	3.94±0.02	10.47±0.02	2.08±0.06	21.40±0.08
'龙薯515号'	33.75±0.03	2.25±0.01	12.13±0.05	1.24±0.01	34.56±0.05
'普薯32号'	42.31±0.04	4.07±0.04	15.22±0.04	2.53±0.04	29.53±0.07
'苏薯16号'	33.98±0.03	2.78±0.02	11.42±0.05	1.92±0.01	26.64±0.06
'秦薯7号'	37.86±0.02	4.65±0.01	8.13±0.05	3.47±0.03	28.40±0.05
'北京553'	35.27±0.05	6.55±0.02	9.77±0.04	4.86±0.05	23.13±0.06
'济薯26号'-2	38.53±0.04	4.49±0.01	9.48±0.06	2.85±0.01	31.42±0.04
'陇薯9号'	36.65±0.03	8.39±0.01	5.72±0.08	6.11±0.01	27.12±0.01
'冀薯982'	36.41±0.02	3.39±0.01	9.30±0.07	2.54±0.01	24.53±0.07

注：'济薯26号'-1，产自河南；'济薯26号'-2，产自山东。

已有研究指出，葡萄糖在维持人体水和电解质平衡方面有重要作用，在病理情况下，葡萄糖能够补充丢失的体液，起到扩容的作用，可以用于腹泻、呕吐、失血以及不能进食等患者的脱水情况下，以提供能量；另外，也可以用来纠正严重低血糖、糖尿病酮症状态。适量摄入蔗糖能够缓解腹痛、腹胀，生津润燥、补充肌肉糖原、缓解肌肉疲劳、恢复体力等。果糖可以被人体快速吸收和利用，能够缓解身体疲劳和身体虚弱的情况；另外，果糖还可以有效提高人体的免疫力、减少感冒和牙齿肿痛、缓解皮肤老化等不良情况的发生。麦芽糖具有补脾益气、缓急止痛、开胃、滋润内脏以及通便等作用，也可保护肝脏、促进维生素合成等。

3. 不同品种烤甘薯的营养与功能成分

除了色泽和甜度外，营养与功能成分也是评价适用于加工烤甘薯专用品种的关键指标。甘薯中富含淀粉、蛋白质、膳食纤维、维生素、矿物质等多种营养与功能成分，那么，如何评价不同甘薯品种间的差异呢？这就需要"热图"来帮助我们。我们需要结合筛选目标，确定正负相关营养指标。正相关指标是指与营养价值呈正相关，即越多越好，如蛋白质、脂肪、灰分、膳食纤维、糖类、维生素、矿物质、碳水化合物、总酚等；负相关指标是指与营养价值呈负相关，即越少越好，如重金属等。在图1-2-3的热图中，'烟薯25号'"绿"色区域的数量最多，说明该品种中脂肪、灰分、维生素C、维生素E、K、Ca、Cu、还原糖、总糖、膳食纤维、能量和碳水化合物含量较高，即该品种的营养指标与理想品种的接近度较高。而在'冀薯982'中，"绿"色区域仅存在于维生素E中，其他指标均呈现出红色或黄色，说明该品种中大部分营养与功能成分的含量较低，在综合排序中并不占优势。

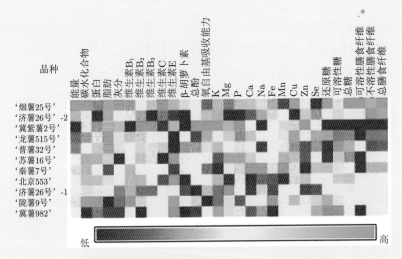

图 1-2-3　不同品种烤甘薯样品灰色理论热图分析

‘济薯 26 号’-1，产自河南；‘济薯 26 号’-2，产自山东

4. 如何筛选适合加工烤甘薯的专用品种呢？

本章开篇我们已经提到，甘薯品种繁多，即便均是鲜食型品种，其颜色、口感、成分等也不尽相同。因此，在品种多样的鲜食型甘薯中挑选出适合加工烤甘薯的专用品种很有必要。

灰色关联度分析（grey relation analysis，GRA）被广泛用于分析离散数据集和多属性决策（multiple attribute decision making，MADM）问题中各种数据的关系，在材料学、后勤管理和设备制造等诸多领域有广泛的应用。在食品领域，根据不同营养指标进行品种筛选或品种排序也可以看作是 MADM 型问题，适合用 GRA 的方法进行分析。因此，笔者团队在分析 11 个品种甘薯色泽、糖类组成、

营养与功能成分的基础上，以 GRA 得到的加权关联度结合感官评价对适合加工烤甘薯的品种进行筛选。其中，感官评价通过挑选 26 名未经感官培训的学生及员工进行，其中 11 名男性（约占 42%），15 名女性（约占 58%）。采用 9 点嗜好程度法进行打分，从"1= 极其不喜欢"到"9= 极其喜欢"，评价内容包括色泽、口感、甜度、风味等，综合结果以整体可接受度表示（表 1-2-4）。

表 1-2-4　11 个品种烤甘薯加权关联度及感官评价排序

品种	加权关联度	排序	整体可接受度	排序
'烟薯 25 号'	0.78	1	8.04	1
'济薯 26 号'-1	0.74	2	6.56	9
'冀紫薯 2 号'	0.73	3	6.29	10
'龙薯 515 号'	0.70	4	7.38	3
'普薯 32 号'	0.69	5	7.55	2
'苏薯 16 号'	0.68	6	7.20	5
'秦薯 7 号'	0.68	6	6.68	8
'北京 553'	0.67	8	6.85	7
'济薯 26 号'-2	0.67	8	7.04	6
'陇薯 9 号'	0.67	8	5.67	11
'冀薯 982'	0.65	11	7.29	4

注：'济薯 26 号'-1，产自河南；'济薯 26 号'-2，产自山东。

从表 1-2-4 中可以看出，'烟薯 25 号'的加权关联度最高，是加工烤甘薯的最佳品种。不同栽培地点的'济薯 26 号'（山东和河南）的加权关联度相近（分别为 0.67 和 0.74），说明其综合营养价值相近，但营养成分存在一定差异。感官评价结果表明，'烟薯 25 号'总体可接受性最高，其次是'普薯 32 号'。'济薯 26 号'（山东）和'济薯 26 号'（河南），虽然种植在不同的地方，但有较为接近的整体可接受度（分别为 7.04 和 6.56），这表明它们的质地和风味是类似的。结合加权关联度及感官评价，评估组对'烟薯 25 号'和'普薯 32 号'的选择优于其他品种。

三、冰烤薯的加工工艺

1. 烤制参数如何影响冰烤薯的品质?

冰烤薯的加工工序包括清洗、焙烤、冷却、速冻等，烤制作为冰烤薯加工过程的关键环节，对冰烤薯的最终品质有直接的影响。无论是企业产业化生产还是家庭自制冰烤薯，烤制温度和时间都是关键性指标。烤制温度是不是越高越好，烤制时间是不是越长越好呢？下面就让我们一起来了解吧。

笔者团队以'普薯32号'为原料，通过主成分分析筛选出维生素C和还原糖是评价烤甘薯的主要指标，其中，维生素C可以反映烤甘薯的营养特性，还原糖与烤甘薯的甜度呈显著正相关。在此基础上，选取200 g左右的鲜薯为实验原料，进一步探讨了不同烤制温度（200~280℃）和时间（35~45 min）对维生素C和还原糖含量的影响规律（图1-3-1），结果显示，维生素C含量随着烤制温度升高和时间的延长逐渐下降，而还原糖含量随着烤制温度升高和时间的延长呈升高趋势。当烤制时间为40 min，烤制温度为235℃时，烤甘薯中维生素C（60.25 mg/100 g干重）和还原糖（47.79 g/100 g干重）含量最高，可作为甘薯烤制的最优参数。当然，在产业化实际生产或家庭自制冰烤薯时，烤制温度和时间可根据甘薯原料的大小进行适当调节。

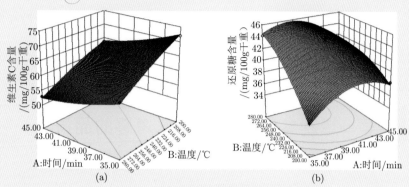

图 1-3-1　不同烤制温度与时间对维生素 C（a）和还原糖（b）含量的影响

冷冻温度如何影响冰烤薯的品质?

冷冻是加工冰烤薯的第二大关键环节，直接影响冰烤薯的品质特性，如营养成分、微观结构和质构特性等。那么，冷冻速度的快慢对冰烤薯的品质是否有影响呢？为了探明这一问题，笔者团队采用最佳烤制工艺制备出烤甘薯，进而对不同的冷冻温度（-18℃、-40℃、-70℃）进行了研究，下面将为读者一一道来。

2.1　冷冻温度对冰烤薯汁液损失率和主要营养成分的影响

不同冷冻温度对冰烤薯主要营养成分的含量有显著影响（表 1-3-1）。随冷冻温度的降低，即冻结速度逐渐加快，冰烤薯中还原糖、维生素 C 和多酚类物质的含量逐渐增大，而蛋白质和膳食纤维含量无显著性变化，说明在较快的冻结速度下，冰烤薯的汁液损失率较小，对冰烤薯中营养成分的保持效果较好。

表 1-3-1　不同冷冻温度对冰烤薯汁液损失率和主要营养成分含量的影响

主要营养成分	-18℃	-40℃	-70℃
汁液损失率 /%	1.89±0.01	1.68±0.02	1.61±0.01
蛋白质 /(g/100 g 干重)	4.65±0.03	4.84±0.01	4.80±0.02
还原糖 /(g/100 g 干重)	26.60±0.24	35.39±0.18	57.13±0.52
膳食纤维 /(g/100 g 干重)	5.41±0.14	6.76±0.33	5.88±0.48
灰分 /(g/100 g 干重)	2.40±0.06	2.10±0.04	2.03±0.04
维生素 C/(mg/100 g 干重)	56.51±0.56	61.96±0.47	69.25±0.89
总酚 /(mg CHAE/g 干重)	3.16±0.01	3.25±0.03	3.46±0.01

2.2　冷冻温度对冰烤薯色泽的影响

从表 1-3-2 中可以看出，冷冻温度较高（-18℃）时，冰烤薯的亮度值较小；当冷冻温度为 -40℃ 和 -70℃ 时，冰烤薯的亮度值有小幅度增大。说明较低的冷冻温度生产的冰烤薯能够较好地保持烤甘薯原有的色泽，可接受程度较高。这主要是因为较低的冷冻温度下，冰烤薯中的冰晶颗粒小，融化过程中产生的水分少，减少了由水分引起的光反射，从而对亮度产生了影响。

表 1-3-2　不同冷冻温度对冰烤薯色泽的影响

冷冻温度 /℃	L^*	a^*	b^*
-18	86.50±0.01	4.42±0.05	29.60±0.02
-40	88.24±0.01	5.06±0.02	27.95±0.02
-70	87.78±0.01	4.72±0.02	29.96±0.01

注：L^*、a^*、b^* 表示色泽，其中，L^* 表示明亮度，0~100 表示从黑色到白色；a^* 表示红绿色，正值表示偏红色，负值表示偏绿色；b^* 表示黄蓝色，正值表示偏黄色，负值表示偏蓝色。

2.3　冷冻温度对冰烤薯微观结构的影响

当冷冻温度为 -70℃ 时，冰烤薯的横切面和纵切面的孔径最小、分布最为均匀，而 -18℃ 下所得冰烤薯的切面孔径最大、分布不均匀（图 1-3-2）。

纵切面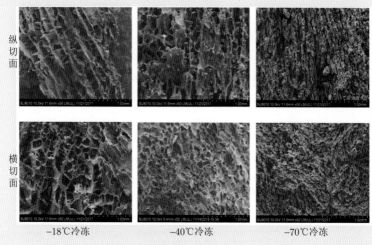

横切面

−18℃冷冻　　　　　−40℃冷冻　　　　　−70℃冷冻

图 1-3-2　不同冷冻温度对冰烤薯表观结构的影响

　　对冰晶结构的观察可以更好地对冰烤薯的结构进行解释（图1-3-3）。笔者团队通过观察不同冷冻温度下所得冰烤薯样品中的裂缝来确定冰晶的大小和数量，并评价冰烤薯细胞的形状和细胞壁的完整性。可以看出，较低的冷冻温度下（−70℃），冰烤薯中的冰晶空隙小、冰晶尺寸分布较窄，甘薯细胞的形状和细胞壁的完整性得以有效保存；当冷冻温度较高（−18℃）时，冰烤薯中的冰晶最大，细胞高度扭曲变形，细胞壁结构不规则。上述结果说明较低的冷冻温度和较快的冻结速率可以限制最大冰晶的形成，从而减少对甘薯细胞的损害。

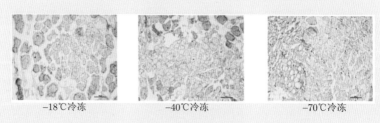

−18℃冷冻　　　　　−40℃冷冻　　　　　−70℃冷冻

图 1-3-3　不同冷冻温度对冰烤薯冰晶结构的影响

2.4 冷冻温度对冰烤薯质构特性的影响

质构特性，尤其是硬度，是影响食品整体可接受性的重要感官指标。当冷冻温度较高时，冰烤薯的硬度最小；随着冷冻温度的降低，冰烤薯的硬度逐渐变大。这可能是由于冷冻温度较高时，冰晶较大，冰烤薯中自由水含量较高，结合水较少，导致产品质构变软。从表1-3-3中还可以看出，较低的冷冻温度下，冰烤薯的弹性和回复性均较高，这说明较低的冷冻温度减少了冰烤薯细胞壁的塌陷，更好地保护了产品的质地。

表1-3-3 不同冷冻温度对冰烤薯质构特性的影响

冷冻温度/℃	硬度/g	黏附性/（g·s）	回复性/%	弹性/%	咀嚼性
−18	454.39±12.46	−149.67±7.53	10.54±0.36	78.44±3.13	217.78±4.37
−40	596.74±16.90	−131.68±6.35	13.37±3.39	83.12±3.78	339.62±5.21
−70	661.80±10.51	−216.15±7.03	12.92±1.30	92.46±3.77	290.26±7.02

注：g·s表示重力·秒

四、冰烤薯食用指南

我们购买了冰烤薯，应该怎么吃呢？自然解冻吃更好呢，还是加热解冻后吃更好？在这里，笔者将向各位读者介绍不同解冻和加热方式下冰烤薯的营养成分和质构特性的变化。同时，我们也将对冰烤薯的营养和安全性进行初步的介绍，为读者食用冰烤薯提供一定的参考。

1. 解冻条件对冰烤薯主要营养成分的影响

一般来说，冰烤薯有两种主要的吃法，一是解冻后作为冰淇淋食用，二是再次加热后作为常规烤甘薯食用。因此，我们以'普薯32号'为例，对比了常温解冻、低温解冻、微波解冻和微波加热四种方法对冰烤薯主要营养成分的影响（表1-4-1）。其中，常温解冻是指在室温下解冻冰烤薯至无硬芯；低温解冻是指在4℃冷藏条件下解冻冰烤薯至无硬芯；微波解冻是指用微波炉中高火解冻冰烤薯至无硬芯；微波加热是指用微波炉高火加热3~5 min。

对不同解冻条件下冰烤薯的主要营养成分进行分析（表1-4-1），可以看出，四种解冻条件下，甘薯中主要的营养成分均能够有效保留。其中，常温解冻和低温解冻条件下，甘薯中的蛋白质和维生素C含量高于微波解冻和微波加热，这可能是因为微波解冻和微波加热时的温度较高，使部分蛋白质和维生素C发生降解而损失。微波解冻和微波加热后，甘薯中的总酚含量高于常温解冻和低温解冻，这可能是因为微波条件下，甘薯细胞壁软化，细胞内复杂组分分解，释放出一些单独的酚类物质，并与福林酚试剂发生反应。

表 1-4-1 不同解冻条件对冰烤薯主要营养成分的影响

冻结条件	解冻条件	蛋白质 / (g/100 g)	还原糖 / (g/100 g)	膳食纤维 / (g/100 g)	灰分 / (g/100 g)	维生素 C/ (mg/100 g)	总酚 / (mg CHAE/g)
−18℃	常温解冻	8.47±0.20	17.30±1.20	5.82±0.04	3.32±0.05	55.16±0.05	3.16±0.04
	低温解冻	8.47±0.03	23.29±0.29	6.57±0.25	3.00±0.18	57.84±0.04	3.10±0.08
	微波解冻	7.84±0.01	19.42±0.47	6.32±0.63	3.20±0.33	54.89±0.06	3.18±0.05
	微波加热	8.09±0.01	20.02±0.52	5.59±0.39	3.10±0.13	54.13±0.12	3.63±0.06
−40℃	常温解冻	9.40±0.01	16.12±0.04	4.84±0.29	3.59±0.20	61.32±0.14	3.25±0.05
	低温解冻	9.50±0.01	20.61±0.01	5.25±0.33	4.49±0.39	62.56±0.17	3.26±0.04
	微波解冻	9.31±0.01	15.34±0.02	5.08±0.14	3.21±0.01	30.45±0.08	3.67±0.06
	微波加热	8.60±0.07	20.70±0.01	4.30±0.09	3.40±0.14	60.12±0.45	3.66±0.03
−70℃	常温解冻	8.63±0.01	14.20±0.24	5.91±0.34	2.98±0.02	65.23±0.12	3.46±0.05
	低温解冻	8.36±0.02	12.13±0.10	5.12±0.31	3.48±0.14	64.12±0.17	3.34±0.04
	微波解冻	8.13±0.01	17.89±0.07	5.68±0.06	3.45±0.13	60.47±0.08	3.54±0.02
	微波加热	7.93±0.03	22.56±0.14	5.82±0.04	2.91±0.05	60.28±0.28	4.39±0.01

注：结果均以干重表示。

解冻条件对冰烤薯质构特性的影响

进一步地，我们也对比了不同解冻条件对冰烤薯质构特性的影响（表 1-4-2）。可以看出，与常温解冻和低温解冻相比，微波解冻和微波加热后，冰烤薯的硬度和咀嚼性均降低，而黏附性、回复性和弹性差别不大。这可能是因为在微波环境下，温度较高，冰烤薯中的冰晶融化速度较快，甘薯细胞结构进一步塌陷，导致质地变软。所以，如果消费者追求绵软的口感，可以微波解冻或微波加热后食用，如果喜欢稍硬的口感，可以常温解冻或低温解冻后食用。当然，冰烤薯的更多吃法还需要大家一起去进一步地探索和挖掘。

表 1-4-2 不同解冻条件对冰烤薯质构特性的影响

冻结条件	解冻条件	硬度 /g	黏附性 /（g·sec）	回复性 /%	弹性 /%	咀嚼性
−18℃	常温解冻	661.80±5.31	−216.15±7.03	12.92±1.30	78.44±10.77	290.26±8.02
	低温解冻	638.31±5.49	−218.06±6.20	12.10±0.19	79.17±10.26	294.88±8.11
	微波解冻	508.26±5.17	−214.62±6.91	12.18±0.53	75.05±3.28	219.17±6.07
	微波加热	405.69±9.76	−213.92±4.22	11.97±0.01	74.05±9.87	194.92±5.26
−40℃	常温解冻	596.74±6.90	−201.68±6.53	13.37±0.39	92.46±3.78	339.62±6.21
	低温解冻	695.43±4.76	−206.08±8.62	13.51±0.45	90.55±2.09	339.33±5.97
	微波解冻	596.21±8.18	−200.67±6.10	12.64±0.26	89.97±1.70	282.16±7.19
	微波加热	590.78±4.06	−206.76±6.25	11.59±1.27	90.00±0.53	269.16±6.07
−70℃	常温解冻	454.39±10.46	−249.67±7.73	10.54±0.36	83.12±3.13	271.78±4.37
	低温解冻	503.60±5.40	−249.13±7.52	12.84±1.65	78.89±6.14	236.60±2.16
	微波解冻	351.24±9.52	−248.33±5.33	11.58±0.77	81.58±6.46	180.47±6.83
	微波加热	372.23±11.68	−242.50±5.87	10.35±2.71	78.00±5.60	227.17±5.92

3. 经过烤制和冷冻，冰烤薯中营养成分会流失吗？

　　甘薯营养丰富，不仅含有大量的碳水化合物，还富含人体必需的蛋白质、脂肪、膳食纤维及维生素等。现在很多人关注甘薯在烘烤、冷冻后缺乏一些热敏营养素（如维生素、酚类化合物等），因此了解甘薯在烘烤和冷冻后营养和功能成分的变化至关重要。下面，笔者将以'烟薯25号'为例，向读者介绍鲜薯、烤甘薯及冰烤薯的营养成分（表1-4-3）。

表1-4-3　鲜薯、烤甘薯及冰烤薯营养成分分析

营养成分	鲜薯	烤甘薯	冰烤薯
淀粉 /（g/100 g）	61.46±0.06	41.65±0.23	35.63±0.78
蛋白质 /（g/100 g）	9.23±0.02	6.87±0.16	4.80±0.02
膳食纤维 /（g/100 g）	5.72±0.03	5.58±0.22	5.88±0.48
脂肪 /（g/100 g）	0.63±0.08	1.08±0.02	0.86±0.03
灰分 /（g/100 g）	3.32±0.04	3.64±0.15	2.03±0.04
还原糖 /（g/100 g）	11.09±0.11	47.79±0.43	35.39±0.52
麦芽糖 /（g/100 g）	0.58±0.02	26.52±0.01	22.13±0.24
维生素C/（mg/100 g）	83.73±1.23	60.25±0.28	55.12±1.25.
总酚 /（mg CHAE/g）	3.34±0.02	5.42±0.02	3.46±0.05
抗氧化活性 /（μg TE/mg）	2.55±0.04	2.25±0.05	1.86±0.04

注：结果均以干重表示。

　　淀粉是甘薯中最丰富的碳水化合物，'烟薯25号'鲜薯中淀粉含量约为61.46 g/100 g；烤制后，甘薯中的淀粉含量显著降低，这可能是由于在加热过程中淀粉降解为糖分所致，这从烤甘薯中还原

糖和麦芽糖含量显著提高的结果中也可以看出来。新鲜甘薯中蛋白质含量约为 9.23 g/100 g，与鲜薯相比，烤甘薯中的蛋白质含量降为约 6.87 g/100 g，这可能与加热过程中蛋白质参与非酶褐变反应有关。鲜甘薯中灰分含量约为 3.32 g/100 g，烤制后灰分含量为 3.64 g/100 g，这可能是组织破坏导致矿物质释放的结果，也可能与挥发性成分的丢失有关。除此之外，烤制过后膳食纤维的含量变化不大。此外，热处理会导致热敏性营养物质，如维生素 C 的含量有所降低，这可能是由于热处理加快了维生素 C 的氧化过程。相较于新鲜甘薯，烤甘薯中的总酚含量增加，这可能是由于在热处理期间植物细胞壁的软化或破坏。此外，热处理还会导致甘薯中复杂组分的分解，释放出一些单独的酚类物质，并与福林酚试剂发生反应。同时，烤制过后甘薯的抗氧化活性也增加了，这可能是由总酚的增加以及甘薯加热过程中美拉德反应产生的其他抗氧化成分增加所致。流行病学研究表明，经常食用天然抗氧化物质有利于降低心血管疾病、抗癌、抗衰老。进一步冷冻后，甘薯中营养成分的含量和抗氧化活性虽然有轻度的下降，但均能够有效保留。

4. 冰烤薯对人体有害吗？

传言说，甘薯在高温烘烤时，蛋白质中的天冬氨酸和还原糖发生美拉德反应，在此过程中除形成烤甘薯愉悦的色泽和芳香味之外，也易形成丙烯酰胺。丙烯酰胺属于 2A 类致癌物，因此，吃多了可能致癌。对此，笔者团队采用第一部分"三、冰烤薯的加工工艺"中的最佳工艺条件生产冰烤薯，并对其中的丙烯酰胺含量进行了测定。

结果发现，冰烤薯薯瓤和表皮中均并未检测到丙烯酰胺。这说明采用标准化工艺生产的冰烤薯不含致癌成分，同时，即便我们不小心误食了甘薯皮，也不会有致癌的风险。因此，有关烤甘薯会致癌的传言并不可信，大家可以放心食用。

第二部分　甘薯湿粉条

一、什么是甘薯湿粉条？

1. 说一说甘薯湿粉条

　　粉条是中国乃至亚洲人们餐桌上必不可少的传统淀粉凝胶类食品，其制作与食用在我国已有 1400 多年的历史，最早记载于北魏时期的《齐民要术》。甘薯湿粉条是以甘薯淀粉为主要原料，经和浆、成型、冷却、冷藏或冷冻等工序后，不经干燥制成的条状或丝状产品（图 2-1-1）。

图 2-1-1　甘薯湿粉条照片

比一比甘薯湿粉条和干粉条

甘薯湿粉条和干粉条最主要的区别在于水分含量的不同（图 2-1-2）。一般来说，甘薯湿粉条加工过程不需要脱水干燥，其水分含量一般在 40% 以上，加工能耗更低，但不易储藏；而甘薯干粉条经过脱水干燥，水分含量一般在 15% 以下，易储藏，但加工过程中需要较长时间的干燥，能耗较高。

图 2-1-2　甘薯湿粉条与干粉条对比简笔画

3.　甘薯湿粉条为什么广受欢迎?

目前，市面上的甘薯粉条主要以干粉条为主，但在食用前需较长时间复水，不能满足现代社会的快节奏生活和野外工作人员等特殊人群的需求。而甘薯湿粉条口感更细腻、爽滑，食用更方便快捷。随着人们生活节奏的加快，湿粉条因其方便快捷的消费方式逐渐受到人们的青睐，近年来市场占有率急速上升。

4. 如何判断甘薯湿粉条的真假？

用于制作湿粉条的淀粉种类有很多，如甘薯淀粉、马铃薯淀粉、玉米淀粉、木薯淀粉等。由于目前还没有关于甘薯湿粉条的检测标准，同时由于市场上玉米淀粉、木薯淀粉的价格远低于甘薯淀粉，一些企业和个体户受经济利益的驱使，在甘薯淀粉中掺杂其他淀粉或其他非食用成分再制成湿粉条，并标以"甘薯"湿粉条进行销售，严重侵害了广大甘薯湿粉条生产企业及消费者的合法权益，极大地阻碍了甘薯加工产业的健康发展。传统粉条鉴别方法主要有目测法、光检法、火检法、品尝法或价格法等，也就是通过观察其透明度、嗅其气味、品尝其滋味等来初步推测粉条中有无其他杂质或是否添加影响人体健康的物质。目前，笔者团队已发明了一种鉴别粉条或粉丝中是否掺杂异种蛋白的方法（ZL201510921013.7），以及一种鉴别薯类食品中是否掺杂异种淀粉的方法（ZL201611169111.0）。然而，如何科学快捷地鉴别甘薯湿粉条中是否掺杂其他淀粉或其他非食用成分，需要薯类加工领域的专家们继续攻关，并与企业同仁一起合作，争取相关标准的配套与出台，以最大程度地保护消费者的利益。

二、甘薯湿粉条的加工工艺与货架期

1. 甘薯湿粉条有几种加工工艺?

甘薯湿粉条的加工工艺主要包括：漏瓢式、涂布式和挤出式。

漏瓢式工艺的加工工序主要包括：打芡、和面、抽气、漏粉（图 2-2-1）、熟化、冷却、分切、冷藏等。其中，抽气是为了避免甘薯湿粉条中气泡的出现，在改善产品外观的同时，提高其耐煮性。

涂布式工艺的加工工序主要包括：调浆（图 2-2-2）、涂布、糊化脱布、冷却、分切、冷藏等。

挤出式工艺的加工工序主要包括：打芡、和面、挤压成型、熟化冷却、浸泡、冷藏等（图 2-2-3）。

上述工艺的加工工序也可根据实际需求进行调整。

图 2-2-1　甘薯湿粉条漏瓢式工艺中的漏粉工序

图 2-2-2　甘薯湿粉条涂布式工艺中的调浆工序

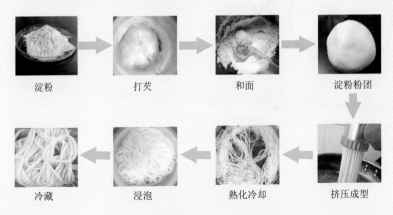

淀粉　　　　　打芡　　　　　和面　　　　淀粉粉团

冷藏　　　　　浸泡　　　　熟化冷却　　　挤压成型

图 2-2-3　甘薯湿粉条挤出式工艺流程

2. 加工甘薯湿粉条可以不加明矾吗?

由于纯甘薯粉条(包括湿粉条和干粉条)不耐煮、易浑汤,在生产过程中常通过添加明矾（十二水硫酸铝钾）来提高其耐煮性及食用品质，而明矾（含铝添加剂）的过量添加是导致甘薯粉条中铝超标的主要原因。食品中铝的长期高水平摄入严重危害人体健康，易导致阿尔茨海默病、人体消化系统功能紊乱、中枢神经系统损害等的发生，已引起社会广泛关注。早在 1989 年，铝就已经被世界卫生组织确定为食品污染物，需严格控制其使用。尽管我国《食品安全国家标准 食品添加剂使用标准》（GB 2760—2014）规定粉条中铝残留量不得超过 200 mg/kg（以干基计），但是一些不法企业在实际生产中为了保证粉条的耐煮性，往往过量使用明矾。目前，明矾已成为制约甘薯粉条产业健康发展的瓶颈问题。因此寻找天然、安全的明矾替代物，开发优质无明矾甘薯湿粉条具有重要意义。

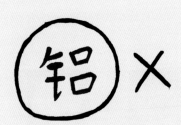

那么，不使用明矾可以制作出优质的甘薯湿粉条吗？答案是肯定的。为了寻找天然、安全的明矾替代物，笔者带领团队成员做了大量关于无明矾甘薯湿粉条配方的研究工作。相信读者在下文"三、无明矾甘薯湿粉条的配方揭秘"中能够找到答案。

3. 如何延长甘薯湿粉条的货架期？

随着人们对方便快捷食品需求量的增加，消费市场对甘薯湿粉条的货架期及储存期间的品质提出了更高的要求。由于甘薯湿粉条水分含量较高，微生物容易生长繁殖，进而导致其食用品质及安全性受到影响。因此，如何延长甘薯湿粉条的货架期也是亟待解决的一大难题。

目前，我国《食品安全国家标准 食品添加剂使用标准》（GB 2760—2014）中规定，淀粉类制品允许添加的防腐剂为脱氢乙酸及其钠盐，允许添加的最大量为 1.0 g/kg（质量分数 0.1%，以脱氢乙酸计）。而我国《食品安全国家标准 淀粉制品》（GB 2713—2015）中规定，即食类淀粉制品的微生物限量指标中，菌落总数安全限量值为 1.0×10^6 CFU/g。为了延长甘薯湿粉条的货架期，笔者对比了不同储藏条件、新型预处理方式与添加脱氢乙酸钠对甘薯湿粉条菌落总数的影响。研究发现经新型预处理方式处理后，所有甘薯湿粉条的菌落总数均显著低于未经新型预处理方式处理的湿粉条。在常温（25℃）储藏条件下，只添加 0.1% 脱氢乙酸钠的甘薯湿粉条在储藏第 5 天时其菌落总数安全限量值已超过上述食品安全国家标准中的规定；而经新型预处理方式后，在添加了 0.1% 脱氢乙酸钠时，甘薯湿粉条在常温下储藏 7 天后，其菌落总数远低于只添加 0.1% 脱氢乙酸钠甘薯湿粉条在常温下储藏 1 天时的菌落总数，说明新型预处理方式可有效延长甘薯湿粉条的货架期。

三、无明矾甘薯湿粉条的配方揭秘

1.　甘薯湿粉条的原料是什么？

　　粉条本质上是一类利用淀粉糊化和老化特性制作的淀粉凝胶类食品。很显然，淀粉是制作甘薯湿粉条的主要原料（图 2-3-1）。在粉条制作过程中，淀粉的糊化和老化程度对最终粉条的质构等品质特性起决定作用。淀粉糊化是指淀粉颗粒在过量水中被加热到糊化温度以上时，发生不可逆的膨胀。淀粉颗粒崩解，使原来有序的淀粉分子结构被破坏，直链淀粉分子从淀粉颗粒中渗析出来，在冷却过程中相互缠绕、联结，形成均匀、黏稠而不透明的淀粉糊。淀粉老化是指淀粉分子从糊化后的无序状态变为有序排列的过程，一般分为短期老化和长期老化两个阶段。

图 2-3-1　甘薯湿粉条原料——甘薯淀粉

2. 如何选择甘薯湿粉条的原料？

根据不同加工用途，甘薯可分为鲜食型、淀粉加工型、菜用型、色素加工型、饮料加工型等，而加工湿粉条则主要使用淀粉加工型的甘薯品种。在加工甘薯湿粉条之前，需要先将淀粉从甘薯块茎中提取出来。目前工业上常用的甘薯淀粉提取方法有酸浆法和旋流法，由于不同的提取方法对甘薯淀粉的物化和凝胶特性等的影响不同，因此所制得的甘薯湿粉条品质也不尽相同。

当然，对于甘薯湿粉条，可以通过添加或改变某些配料比例、添加新配料等方式进行配方优化，以及通过加工工艺的改进等来达到改善甘薯湿粉条品质的目的。

3. 甘薯湿粉条的配料有哪些？

在甘薯湿粉条制作过程中，需要将甘薯淀粉与水、各种配料（如不同品种淀粉及改性淀粉、多糖、蛋白等）混合做成淀粉粉团或粉糊，然后再经过进一步的成型、熟化制成最终产品。淀粉粉团作为一种淀粉与其他配料之间通过分子间或分子内相互作用力而形成具有一定宏观结构的复杂体系，其结构形成对于甘薯湿粉条的品质具有重要影响。因此，通过不同配料的选择与添加，有助于改善淀粉粉团的流变学特性及微观结构，进而改善甘薯湿粉条的品质。同时，明确不同配料对淀粉粉团流变学特性的影响规律有助于揭示甘薯湿粉条的品质形成机制。

3.1 不同改性淀粉的添加

改性淀粉是指对原淀粉采用化学、物理、生物等手段进行一定处理，通过在淀粉分子上引入新的官能团或改变淀粉分子大小和颗粒性质，进而使淀粉的功能特性发生改变，使其能满足特定生产需求的应用要求。由于甘薯淀粉性质不能满足湿粉条等产品的加工特性需求，因此有研究学者提出将改性淀粉用于湿粉条的生产，进而提高其品质。例如，部分糊化淀粉、预糊化淀粉、高直链淀粉，以及其他各种物理、酶改性淀粉均可尝试用于甘薯湿粉条的加工中，通过其添加量、添加方式以及复配比例的优化，达到改善最终产品品质的目的。

3.2 不同非淀粉多糖的添加

甘薯湿粉条由于缺乏能够提供稳定网络结构的大分子物质，可通过添加一定量的非淀粉多糖，与淀粉、水等相互作用形成稳定的网络结构，从而赋予淀粉基食品良好的质构和品质特性。多糖的种类、添加量、分子量大小等因素均可以通过影响淀粉粉团的水合能力及其与其他组分间的相互作用，从而改变淀粉粉团的流变学特性和最终产品的品质。

3.3 不同蛋白的添加

在常见的小麦面团中，由于谷朊蛋白分子间和分子内的二硫键作用可以形成稳定的网络结构，淀粉等其他组分则主要作为填充物分布于面团结构中。而对于甘薯湿粉条等不含谷朊蛋白的淀粉基食品，其淀粉粉团中由于缺少谷朊蛋白作为结构基础，不容易形成稳定的网络结构。为了提高甘薯湿粉条的品质，可以采用非淀粉多糖和非谷朊蛋白同时添加以改善其淀粉粉团流变学及结构特性。由于非淀粉多糖、蛋白与淀粉之间特殊的相互作用，可以有效提高粉条的品质，但其品质提升的效果取决于非淀粉多糖和蛋白的种类与浓度以及混合体系的稳定性。

4. 好吃又筋道的无明矾甘薯湿粉条的配方优化

为了加工好吃又筋道的无明矾甘薯湿粉条，笔者对甘薯湿粉条的配方进行了优化，通过添加改性淀粉、多糖、蛋白等配料，得到14个添加单一配料的无明矾甘薯湿粉条配方（表2-3-1）。

表2-3-1　单一配料对甘薯湿粉条质构特性的影响

粉条种类	拉伸强度 / (g/mm^2)	拉伸形变 / %	粉条种类	拉伸强度 / (g/mm^2)	拉伸形变 / %
纯甘薯湿粉条	0.93	34.04	含明矾甘薯湿粉条	1.54	66.92
配方1	3.12	100.05	配方8	1.52	49.43
配方2	1.82	46.76	配方9	1.77	50.32
配方3	1.46	55.05	配方10	1.03	60.64
配方4	2.42	62.18	配方11	1.41	56.67
配方5	1.93	68.72	配方12	1.91	71.24
配方6	1.24	50.09	配方13	1.24	50.51
配方7	1.72	73.16	配方14	1.91	85.18

注：配方1~14均为无明矾甘薯湿粉条。

质构特性可以反映粉条体系中凝胶网络的结构强度和稳定性，其中拉伸强度和拉伸形变越大，说明粉条弹韧性越好。与纯甘薯湿粉条相比，配方 1~14 的甘薯湿粉条均具有更高的拉伸强度和拉伸形变。与含明矾甘薯湿粉条（明矾添加量为淀粉质量的 0.3%）相比，配方 1、2、4、5、7、9、12 和 14 显示出更高的拉伸强度；而配方 1、5、7、12 和 14 显示出更高的拉伸形变。

含水量变化也是甘薯湿粉条品质变化的重要参数之一。而煮断时间的长短可以直接反映甘薯湿粉条的耐煮性，煮断时间越长，粉条的品质越好。因此，笔者进一步对部分添加单一配料的甘薯湿粉条（配方 1、5、12 和 14）含水量和煮断时间进行了测定（表 2-3-2）。在含水量方面，与纯甘薯湿粉条相比，配方 1 和配方 5 的甘薯湿粉条具有较高的含水量；而配方 12 和配方 14 的含水量略低。与含明矾甘薯湿粉条相比，配方 1 和配方 5 的甘薯湿粉条的含水量可以与其相媲美。在煮断时间方面，纯甘薯湿粉条的煮断时间仅为 4.5 min；含明矾甘薯湿粉条的煮断时间较长，为 28.0 min；配方 1、5、12 和 14 的甘薯湿粉条的煮断时间为 25.5~32.0 min，其中配方 1 和配方 14 的甘薯湿粉条的煮断时间长于含明矾甘薯湿粉条。说明配方 1 和配方 14 的甘薯湿粉条更耐煮、不易断条。

表 2-3-2　单一配料对甘薯湿粉条含水量和煮断时间的影响

粉条种类	含水量 /%	煮断时间 /min
纯甘薯湿粉条	56.49	4.5
含明矾甘薯湿粉条	59.07	28.0
配方 1	58.81	32.0
配方 5	58.34	25.5
配方 12	54.35	26.5
配方 14	54.00	31.0

注：配方 1、5、12 和 14 均为无明矾甘薯湿粉条。

为了进一步揭示不同单一配料对无明矾甘薯湿粉条品质的影响机制，采用扫描电子显微镜观察了单一配料对无明矾甘薯淀粉粉团及湿粉条微观结构的影响(图2-3-2和图2-3-3)。在纯甘薯淀粉粉团中，甘薯淀粉颗粒形态清晰可见；而所有配方（配方1、5、12和14）与含明矾的淀粉粉团都表现出良好的连续相网络结构（图2-3-2）。

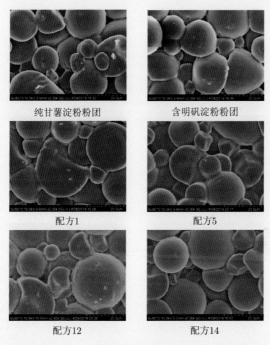

纯甘薯淀粉粉团   含明矾淀粉粉团

配方1   配方5

配方12   配方14

图 2-3-2   单一配料对甘薯淀粉粉团微观结构的影响

这说明不同单一配料和明矾均可以与粉团中作为黏结剂的淀粉凝胶相互作用形成一个新的凝胶网络来保持和包围生淀粉颗粒，从而改变淀粉粉团的流变学特性，在后续加工过程中限制淀粉颗粒的溶胀。在甘薯湿粉条中，添加了不同单一配料和明矾的甘薯湿粉条具有均匀分布且孔隙大小相近的凝胶气孔结构，而纯甘薯湿粉条样品的气孔结构分布则不均匀（图 2-3-3）。淀粉通过直链淀粉或支链淀粉分子的连接形成胶束网络结构，在加热过程中控制着淀粉颗粒的膨胀过程。当不同单一配料与淀粉混合时，溢出的直链淀粉和低分子量支链淀粉与不同单一配料在糊化过程中相互作用，形成不同的网络结构，改变了最终湿粉条产品的结构和蒸煮性能。

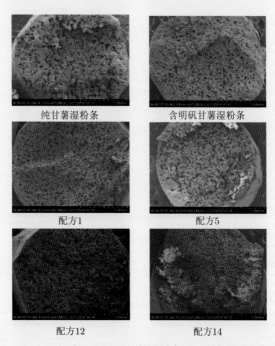

纯甘薯湿粉条　　　　　　　含明矾甘薯湿粉条

配方1　　　　　　　　　　配方5

配方12　　　　　　　　　　配方14

图 2-3-3　单一配料对甘薯湿粉条微观结构的影响

由于单一组分配料的功能局限性，近年来将不同单一组分进行组合使用从而设计得到品质更优的淀粉凝胶基食品作为一种简单实用的策略而受到广泛关注。笔者对无明矾甘薯湿粉条的配方进行了进一步优化，得到 10 个无明矾甘薯湿粉条复合配方（表 2-3-3）。与纯甘薯湿粉条相比，复合配方 1~10 的甘薯湿粉条的拉伸强度和拉伸形变均增强、煮断时间均显著延长；复合配方 1、2、3、4、7 和 8

的甘薯湿粉条的含水量增加。与含明矾甘薯湿粉条相比，复合配方1和8的甘薯湿粉条的拉伸强度增强，复合配方4和9的甘薯湿粉条的拉伸强度可与其相媲美；复合配方1和4的甘薯湿粉条的拉伸形变增大，复合配方8的甘薯湿粉条的拉伸形变可与其相媲美；复合配方1、2、7和8的甘薯湿粉条的含水量增加，复合配方3和4的甘薯湿粉条的含水量可与其相媲美；复合配方1、2、4、5、6、8和9的甘薯湿粉条的煮断时间显著延长，复合配方7的甘薯湿粉条的煮断时间可与其相媲美。可以明显地看出，复合配方1的甘薯湿粉条的拉伸强度、拉伸形变、含水量和煮断时间均优于含明矾甘薯湿粉条（表2-3-3），而复合配方4、8和9的拉伸强度、拉伸形变、含水量和煮断时间优于含明矾甘薯湿粉条或可与其相媲美，因此其均可以潜在地用于生产优质无明矾甘薯湿粉条。当然，根据不同消费群体对甘薯湿粉条质构特性、含水量和煮断时间的差异化需求，所有复合配方均具有用于生产优质无明矾甘薯湿粉条的潜力。

表2-3-3　复合配料对甘薯湿粉条质构特性、含水量和煮断时间的影响

粉条种类	拉伸强度 /（g/mm²）	拉伸形变 /%	含水量 /%	煮断时间 /min
纯甘薯湿粉条	0.93	34.04	56.49	4.5
含明矾甘薯湿粉条	1.54	66.92	59.07	28.0
复合配方1	1.99	91.00	60.91	46.0
复合配方2	1.22	59.34	63.39	31.7
复合配方3	1.03	57.22	58.59	16.5
复合配方4	1.51	77.92	58.83	45.5
复合配方5	1.12	52.38	51.10	31.0
复合配方6	1.18	56.02	53.51	33.0
复合配方7	0.98	49.91	59.93	28.5
复合配方8	1.58	66.91	60.68	48.5
复合配方9	1.47	51.63	54.79	30.5
复合配方10	1.12	55.25	53.61	26.0

注：复合配方1~10均为无明矾甘薯湿粉条。

同样，为了进一步揭示不同复合配料对无明矾甘薯湿粉条品质的影响机制，采用扫描电子显微镜观察了复合配料对无明矾甘薯湿粉条微观结构的影响（图2-3-4）。添加不同复合配料的甘薯湿粉条形成了比纯甘薯湿粉条和含明矾甘薯湿粉条更小且均匀分布的气孔结构。这种结构可能是甘薯湿粉条蒸煮时间长、含水率高、拉伸性能好等质量改善的原因。与复合配方1相比，复合配方4、8和9的甘薯湿粉条孔隙结构更小。这可能是由在淀粉糊化和老化的过程中，不同复合配料之间发生的不同相分离行为或交联反应导致。总体来说，所有复合配方甘薯湿粉条均产生了相似的微观结构，气孔分布更加均匀。这表明添加不同复合配料对高分子物质之间交联作用或相分离行为有很大的影响。

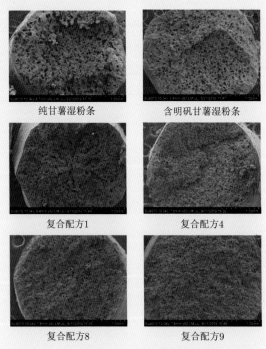

纯甘薯湿粉条　　　　　　　含明矾甘薯湿粉条

复合配方1　　　　　　　　复合配方4

复合配方8　　　　　　　　复合配方9

图2-3-4　复合配料对甘薯湿粉条微观结构的影响

总体来说，经过优化，单一或复合配方甘薯湿粉条均表现出优于或与含明矾甘薯湿粉条相当的品质特性。上述单一或复合配方可作为潜在的明矾替代物应用于甘薯湿粉条的加工中。

5. 好看又营养的无明矾甘薯湿粉条的配方初探

消费者对于美食的追求，如无明矾甘薯湿粉条，在要求它既好吃又筋道的同时，也希望它好看又营养。基于此，笔者对于好看又营养的无明矾甘薯湿粉条的配方进行了初探，目前已开发出高拉伸强度无明矾紫薯营养湿粉条、高纤维低糖无明矾甘薯营养湿粉条、富含甘薯茎叶青汁粉的无明矾甘薯营养湿粉条（图 2-3-5）、富含紫薯粉的甘薯营养湿粉条（图 2-3-6）等的配方。

图 2-3-5　富含甘薯茎叶青汁粉的无明矾甘薯营养湿粉条照片

图 2-3-6　富含紫薯粉的甘薯营养湿粉条照片

　　随着人们生活水平的提高及对营养健康的热情追求，好吃、筋道、营养又健康的甘薯湿粉条将逐渐成为粉条行业的主流产品，笔者也将进一步研究与开发富含不同营养成分的甘薯湿粉条，如富含蛋白、膳食纤维、花青素、类胡萝卜素、多酚类物质等一种或多种功能成分或具有不同功效的甘薯营养湿粉条，以助推甘薯粉条加工行业的发展，促进整个甘薯加工产业的可持续发展，最终助力健康中国战略的发展。

四、甘薯湿粉条美食指南

甘薯湿粉条怎么吃呢？在这里，笔者将几款甘薯湿粉条美食的食用方法简要介绍给大家，供大家参考。当然，甘薯湿粉条美食的更多吃法等待大家去探索与发掘。

1. 甘薯湿粉条之火锅

主料：甘薯湿粉条适量、其他食材适量。

辅料：根据个人喜好，选择火锅料 1 包或火锅汤底 1 份。

蘸料：根据个人喜好，可选麻酱、蒜泥、辣酱等。

做法：

（1）将火锅料下锅或直接用火锅汤底，烧开。

（2）根据个人喜好，加入不同食材。

（3）加入甘薯湿粉条煮 1~2 min。

（4）将甘薯湿粉条捞出，根据个人喜好，拌上不同的蘸料即可食用。

2. 甘薯湿粉条之凉拌

主料：甘薯湿粉条适量。

配料：黄瓜适量。

调料：食盐、葱、香菜、酱油、醋等适量，也可根据个人喜好选用其他调料。

做法：

（1）将黄瓜洗净、切丝，葱、香菜切末备用。

（2）将甘薯湿粉条在沸水中煮 1~2 min，或在刚烧开的热水中烫 3~5 min，随即捞出在冷水中浸一下，沥干水后放入盘中。

（3）加入黄瓜丝，并加入适量食盐、葱、香菜、酱油、醋等调料拌匀，也可根据个人喜好选用其他调料，拌匀后即可食用。

3. 甘薯湿粉条之粉条汤

主料：甘薯湿粉条适量。

配料：可以根据个人喜好选择不同的配料来烹调不同口味的粉条汤。以豆腐粉条汤为例，可选用适量豆腐、白菜等。

调料：植物油、盐、芝麻油、生抽、葱花、蒜末等适量。

做法：

（1）将豆腐切块，白菜用手撕成小片备用。

（2）将炒锅预热，倒入适量植物油，放入葱花、蒜末略微翻炒，加入清水、白菜等煮制，并加入适量食盐和生抽调味。

（4）等白菜煮至八成熟后，加入豆腐、甘薯湿粉条，再煮至 1~2 min 即可出锅。

（5）可加芝麻油调味，也可根据个人喜好选用辣椒油和醋等其他调料调味，然后食用。

4. 甘薯湿粉条之酸辣粉

主料：甘薯湿粉条适量。

配料：干辣椒酱、葱花、香菜等。

调料：盐、芝麻油、生抽、醋等适量。

做法：

（1）适量干辣椒酱、盐、生抽、醋等放入碗中备用。

（2）在锅中放入适量水煮沸，取少量沸水倒入调料碗中，然后将甘薯湿粉条在沸水中煮 1~2 min，捞出放入调料碗中，搅拌均匀。

（3）放入适量葱花、香菜及芝麻油，可根据个人口味增加辣椒酱和醋等其他调味料。

5. 甘薯湿粉条之肉末炒粉条

主料：甘薯湿粉条适量、猪瘦肉。

配料：葱、姜、蒜等。

调料：植物油、盐、生抽、五香粉等适量。

做法：

（1）将适量猪瘦肉切成肉末放入碗中，加入少量生抽、五香粉，备用。

（2）将少量葱、姜、蒜切成丁，备用。

（3）将甘薯湿粉条用冷水浸泡分散开，然后用沸水浸泡 1 min，捞出沥干。

（4）锅内放入适量植物油，加热后放入肉末，炒至变色后，加入葱、姜、蒜，放入少量生抽，然后加入甘薯湿粉条和适量盐后迅速翻炒均匀，加入少量葱花后出锅。

五、甘薯湿粉条"未来新概念"

1. 甘薯湿粉条配方"一键个性化"

目前，甘薯湿粉条的配方优化主要是为了改善其不耐煮、易断条等品质缺陷，忽略了广大消费者对于其营养健康的需求。随着大健康时代的到来，仅仅拥有耐煮、筋道等品质特性的甘薯湿粉条将无法满足不同消费群体的饮食需求。在未来，甘薯湿粉条配方将实现"一键个性化"，结合老年人、中年人、青少年、儿童等不同消费群体的营养需求，通过智能算法，在保证甘薯湿粉条耐煮、筋道等品质特性的同时，通过添加不同单一或复合营养成分，赋予其不同的营养价值。当然，甘薯湿粉条配方"一键个性化"的实现，需要建立在甘薯湿粉条营养与品质形成机理、不同消费群体的营养需求大数据等的基础上，因此还有漫长的道路要走。

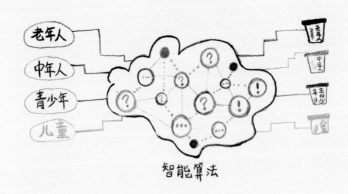

智能算法

2. 甘薯湿粉条食用"一键烹饪化"

目前，甘薯湿粉条的食用一般是涮火锅、凉拌、做粉条汤，或者是以方便粉条的形式用开水泡的方式食用。随着人们生活水平的提高与工作压力的增加，在未来，甘薯湿粉条的食用将实现"一键烹饪化"。人们只需要购买专用的小设备及配套的甘薯湿粉条食材包，一键选择自己喜欢的口味或食用方式，等预设时间结束，就可以美美地享用啦。

中国农业科学院农产品加工研究所
薯类加工与品质调控创新团队介绍

首席科学家

木泰华　研究员

　　木泰华，博士、研究员、博士研究生导师，中国农业科学院二级杰出人才、国家农业科技创新工程薯类加工与品质调控创新团队首席科学家、中国农业科学院农产品加工研究所果蔬加工与保鲜研究中心主任、国家甘薯产业技术体系副产物综合利用岗位科学家、"十三五"国家科技部重点研发计划专项 - 政府间国际科技创新合作重点专项"薯类淀粉加工副产物的综合利用"首席科学家。兼任国家马铃薯主食产业化科技创新联盟副理事长，国家现代农业甘薯产业技术体系专家咨询委员会委员，中国淀粉工业协会甘薯淀粉专业委员会会长，中国粮油学会薯类分会会长，中国食品学会常务理事，欧盟"地平线 2020"项目评委，《中国粮油学报》、《农产品加工》、《淀粉与淀粉糖》、*Journal of Integrative Agriculture*（JIA）、*Journal of Food Science and Nutrition Therapy* 等杂志编委。

研究领域

薯类加工与综合利用

研究内容

薯类加工适宜性评价与专用品种筛选；薯类淀粉及其衍生产品加工；薯类加工副产物综合利用；薯类功能性成分提取及其生物活性作用机制研究；薯类主食产品加工与质量控制；薯类休闲食品加工与质量控制；高静水压技术在薯类加工中的应用。

成果与奖励

近年来，团队荣获第 15 届和第 17 届中国专利优秀奖、神农中华农业科技奖、中国农业科学院科学技术成果杰出科技创新奖、中国商业联合会科学技术奖、中国粮油学会科学技术奖等奖项 16 项。获授权国家发明专利 55 项；鉴定或评价成果 7 项；制定国家及行业标准 7 项；出版著作 35 部；在国内外期刊上发表学术论文 241 篇，其中 SCI 收录 151 篇。

团队成员

团队共有 7 名科研人员，其中研究员 2 名，副研究员 3 名，助理研究员 2 名。团队成立 15 年来，共培养研究生 75 名（博士研究生 25 名、硕士研究生 50 名）、访问学者 7 名、短期交流人员 7 名、博士后 4 名，其中外籍人员 27 名。先后主持或参加国家自然科学基金、现代农业产业技术体系、"863" 等项目或课题 70 项。

张松树	李鹏高	孙红男	张苗	马梦梅	陈井旺
研究员	副研究员	副研究员	副研究员	博士	博士

联系方式：

联系电话： +86-10-62815541

电子邮箱： mutaihua@126.com

联系地址： 北京市海淀区西北旺农大南路西口

邮编：100193

主要成果

1. 成果鉴定及评价

（1）甘薯蛋白生产技术及功能特性研究（农科果鉴字 [2006] 第 034 号），其成果被鉴定水平为国际先进水平；

（2）甘薯淀粉加工废渣中膳食纤维果胶提取工艺及其功能特性的研究（农科果鉴字 [2010] 第 28 号），其成果被鉴定水平为国际先进水平；

（3）甘薯颗粒全粉生产工艺和品质评价指标的研究与应用（农科果鉴字 [2011] 第 31 号），其成果被鉴定水平为国际先进水平；

（4）变性甘薯蛋白生产工艺及其特性研究（农科果鉴字 [2013] 第 33 号），其成果被鉴定水平为国际先进水平；

（5）甘薯淀粉生产及副产物高值化利用关键技术研究与应用（中农（评价）字 [2014] 第 08 号），其成果被评价水平为国际先进水平；

（6）薯类主食加工关键技术研发及应用（中科评字[2019]第3452号），其成果被评价为国际领先水平。

2. 授权国家发明专利

（1）一种马铃薯馒头及其制备方法，专利号：ZL201410679527.1；

（2）改善无面筋蛋白面团发酵性能及营养特性的方法，专利号：ZL201410356339.5；

（3）一种全薯类蛋糕及其制备方法，专利号：ZL201410682327.1；

（4）一种马铃薯饼干及其制备方法，专利号：ZL201410679850.9；

（5）利用甘薯粗膳食纤维制作的无面筋蛋白饼干及其制备方法，专利号：ZL201410681407.5；

（6）一种提取膳食纤维的方法，专利号：ZL201310183303.7；

（7）一种提取花青素的方法，专利号：ZL201310082784.2；

（8）一种甘薯茎叶多酚及其制备方法，专利号：ZL201310325014.6；

（9）一种从薯类淀粉加工废液中提取蛋白的新方法，专利号：ZL201110190167.5；

（10）一种制备甘薯全粉的方法，专利号：ZL200910077799.3。

主要研究内容

1. 甘薯蛋白

- 采用膜滤与酸沉相结合的技术回收甘薯淀粉加工废液中的蛋白，甘薯蛋白纯度达 85% 以上、提取率达 83%；
- 甘薯蛋白具有良好的物化功能特性，可作为乳化剂替代物；
- 甘薯蛋白具有良好的保健特性，如抗氧化、抗肿瘤、降血脂等。

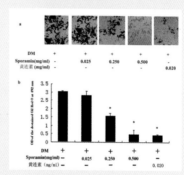

甘薯蛋白抑制 3T3-L1 前脂肪细胞分化

2. 甘薯蛋白肽

- 甘薯蛋白肽易溶于水，具有一定的抗氧化、抗肿瘤作用；
- 甘薯蛋白肽对原发性高血压大鼠具有显著的短期和长期降压功效。

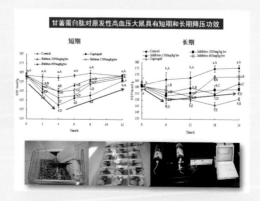

3. 甘薯全粉

- 是一种新型的脱水制品，可保存新鲜甘薯中丰富的营养成分；
- "一步热处理结合气流干燥"技术制备甘薯颗粒全粉，简化了生产工艺，有效地提高了甘薯颗粒全粉细胞的完整度；
- 在生产过程中用水量少，废液排放量少，应用范围广泛。

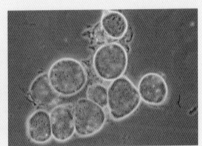

4. 甘薯膳食纤维及果胶

- 甘薯膳食纤维筛分技术与果胶提取技术相结合，形成了一套完整的连续化生产工艺；
- 甘薯膳食纤维具有良好的物化功能特性，大型甘薯淀粉厂产生的废渣可以作为提取膳食纤维的优质原料；

改性甘薯果胶抑制 HT-29 癌细胞的增殖

- 甘薯果胶具有良好的乳化能力和乳化稳定性，改性甘薯果胶具有良好的抗肿瘤活性。

5. 甘薯茎叶青汁粉

- 甘薯茎叶青汁粉是将甘薯茎叶经新型制粉技术加工而成的一种色泽翠绿、富含多种营养与功能成分的粉末状制品；
- 所得产品维生素、矿物质、多酚含量和抗氧化活性均较高，且粉质细腻，易于冲泡；
- 体外消化试验证实消化后甘薯茎叶青汁粉的多酚含量和抗氧化活性显著高于消化前；
- 产品可直接作为固体饮料，也可添加到食品、医药保健品及化妆品中，用途极为广泛。

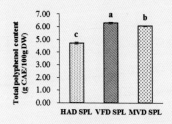
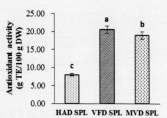

	可溶性蛋白含量 （% DW）	总酚含量 （% DW）	抗氧化活性 （μg Trolox equivalent/mg DW）
消化前	9.07±0.22	11.23±0.65	1.26±0.09
消化后	15.04±0.75	15.56±0.42	2.46±0.07

6. 甘薯茎叶多酚

- 甘薯茎叶多酚是以甘薯茎叶为原料，采用超声波辅助乙醇溶剂萃取技术、膜分离纯化技术及冷冻干燥技术获得的高纯度多酚产品；

- 经 LC-MS 分析，该产品由 3,5- 二咖啡酰奎宁酸、槲皮素、咖啡酸等 23 种多酚类物质组成；

- 该产品具有抗氧化、抑菌、降血糖、预防紫外线等多种生物活性，在食品、医药、保健品及化妆品中具有广泛的用途。

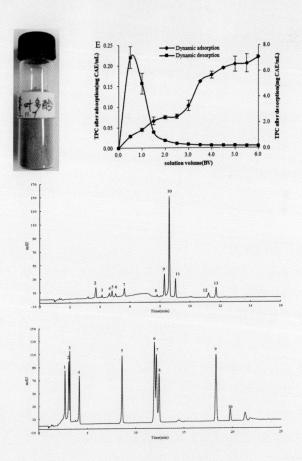

样品	样品浓度 (μg/mL)					
	5	10	20	5	10	20
	·O$_2$$^-$ scavenging activity (μg ACE/mL)			Oxygen radical absorbance capacity (μg TE/mL)		
甘薯茎叶多酚	14.57±0.31[a]	30.56±2.59[a]	62.71±2.99[a]	22.35±1.59[a]	33.72±2.61[a]	55.68±1.45[a]
茶多酚	3.60±0.28[b]	7.29±0.31[b]	10.62±0.45[b]	16.67±2.98[b]	32.23±1.22[a]	43.53±0.59[b]
葡萄籽多酚	3.02±0.11[c]	3.18±0.42[c]	6.73±0.12[c]	13.75±0.62[b]	29.21±1.68[b]	43.54±0.77[b]

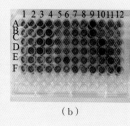
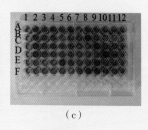

（a）　　　　　　　（b）　　　　　　　（c）

酚类物质对金黄色葡萄球菌（a）、枯草芽孢杆菌（b）、米曲霉（c）的最小抑菌浓度

A1-6 为 3-CQA，A7-12 为 4-CQA；B1-6 为 5-CQA，B7-12 为 3,4-CQA；C1-6 为 3,5-CQA，C7-12 为 4,5-CQA；D1-6 为 3,4,5-CQA，D7-12 为芦丁；E1-6 为咖啡酸，E7-12 为甘薯茎叶多酚；F1-6 为头孢曲松钠，F7-12 为山梨酸钾。每一行 1-6 与 7-12 的浓度分别为（1500,750,375,188,94 和 47μg/mL）

7. 紫甘薯花青素

- 与葡萄、蓝莓、紫玉米等来源的花青素相比，紫甘薯花青素具有较好的光热稳定性；

- 紫甘薯花青素的抗氧化活性是维生素 C 的 20 倍，维生素 E 的 50 倍；

- 紫甘薯花青素具有保肝，抗高血糖、高血压，增强记忆力及抗动脉粥样硬化等生理功能；

- 紫甘薯花青素具有减弱亚急性酒精造成的肝损伤，减弱氧化应激和脂质过氧化水平等功效。

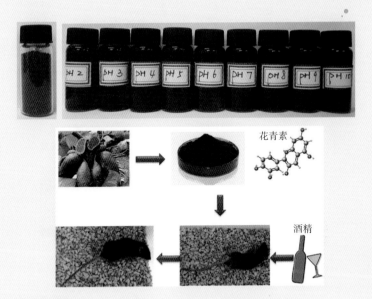

花青素

酒精

8. 薯类馒头

- 薯类馒头是以优质甘薯全粉、马铃薯全粉或薯泥以及小麦粉等为主要原料，采用精准温湿调控、降黏及蒸制等加工工艺精制而成；

- 突破了薯类发酵主食发酵难、成型难、易开裂等技术难题，成功将薯粉占比提高到55%以上；

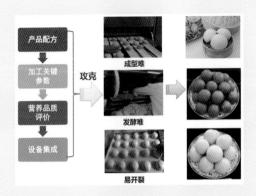

- 薯类馒头中蛋白质、维生素、膳食纤维和矿物质（钾、磷、钙等）含量丰富，营养均衡，抗氧化活性高于普通小麦馒头；口感松软，有甘薯或马铃薯的风味，是男女老少皆宜食用的营养食品。

薯类发酵主食　　　　　　　　　**传统小麦发酵主食**

~390 kcal/100 g DW　　　　　　　　~405 kcal/100 g DW

蛋白质 (g/100 g DW)	15.08	蛋白质 (g/100 g DW)	13.49
膳食纤维 (g/100 g DW)	5.18	膳食纤维 (g/100 g DW)	2.65
维生素C (mg/100 g DW)	16.15	维生素C (mg/100 g DW)	1.82
矿物质 (g/100 g DW)	1.91	矿物质 (g/100 g DW)	0.8
Na (mg/100 g DW)	16.59	Na (mg/100 g DW)	8.27
Ca (mg/100 g DW)	48.97	Ca (mg/100 g DW)	31.21
K (mg/100 g DW)	886.59	K (mg/100 g DW)	342.73
P (mg/100 g DW)	168.92	P (mg/100 g DW)	125.79
Fe (mg/100 g DW)	2.54	Fe (mg/100 g DW)	1.29

9. 薯类面包

- 薯类面包以优质甘薯全粉、马铃薯全粉和小麦粉为主要原料，采用新型降黏技术等多项专利、创新工艺及 3D 环绕立体加热焙烤而成；

- 突破了薯类面包成型和发酵难、体积小、质地硬等技术难题，成功将马铃薯粉占比提高到 55% 以上；

- 薯类面包风味独特，集甘薯或马铃薯特有风味与纯正麦香风味于一体，鲜美可口、软硬适中。

10. 薯类糕点

- 薯类糕点以甘薯全粉、马铃薯全粉及小麦粉为主要原料，采用精准温湿调控、降黏及 3D 环绕立体加热焙烤等工艺精制而成；

- 薯类糕点富含蛋白质、膳食纤维、维生素和矿物质等营养成分，鲜美可口，软硬适中，具有甘薯或马铃薯特有的风味。

30%马铃薯蔓越莓蛋糕　　30%马铃薯绿豆酥　　30%马铃薯芝麻酥　　30%马铃薯枣泥酥

30%马铃薯红豆酥

30%马铃薯菊花酥

30%马铃薯千层蛋糕

30%马铃薯杏仁酥

11. 薯类高纤营养复合粉

- 以薯类淀粉加工过程中产生的薯渣为原料，通过薯类淀粉生产工艺改进以及高效脱水干燥、粉碎及复配技术精制而成；

- 与普通薯渣粉相比，薯类高纤营养复合粉营养特性和加工特性高，适宜制作薯类馒头等主食产品，可以广泛应用在主食及其他食品生产中。

12. 主食产品品质改良剂

- 基于传统酸面团优势菌群分析及薯类馒头特点，研发了适用于薯类馒头等产品的多菌种复合发酵剂、抗老化复合酶制剂及复合芽孢萌发剂；

- 新型多菌种复合发酵剂有效改善了薯类主食产品的口感与风味，用其制备薯类馒头的风味物质种类和含量显著高于商业酵母馒头；

- 采用抗老化复合酶制剂以及"芽孢萌发剂＋表面抑菌"新型保鲜技术模式可提高薯类主食产品贮藏期间的品质，有效地延长薯类馒头的常温货架期；
- 上述改良剂不仅适合薯类主食生产，还适合其他面制品及杂粮食品的生产和品质改良。

13. 无明矾薯类营养粉条

- 无明矾薯类营养粉条以薯类淀粉（马铃薯淀粉、甘薯淀粉等）、南瓜粉、胡萝卜粉等为主要原料，在传统粉条生产工艺的基础上经过配方优化与技术升级，利用现代化生产设备精制而成；
- 与单纯以淀粉为加工原料的传统粉条相比，无明矾薯类营养粉条产品食用方便，且更营养、更健康，能够满足广大消费者对安全方便薯类营养粉条的市场需求。

14. 冰烤薯

- 冰烤薯以专用指标筛选出的优质鲜食甘薯为原料，通过精准烤制及冷冻工艺加工而成；
- 冰烤薯保质期长、口感佳、营养价值高、食用方便、薯香浓郁，具有广阔的消费市场。

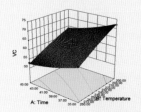
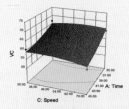
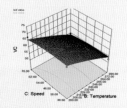

烤制时间、温度、转速对烤甘薯维生素C含量的影响

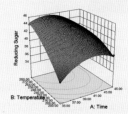
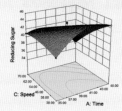
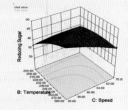

烤制时间、温度、转速对烤甘薯还原糖含量的影响